PARIS

EN

L'AN D'EXPOSITION 1867

Par JOAKIM-ISA

PARIS

IMPRIMÉ PAR CHARLES NOBLET

18, RUE SOUFFLOT, 18

—

1867

PARIS

EN L'AN D'EXPOSITION 1867

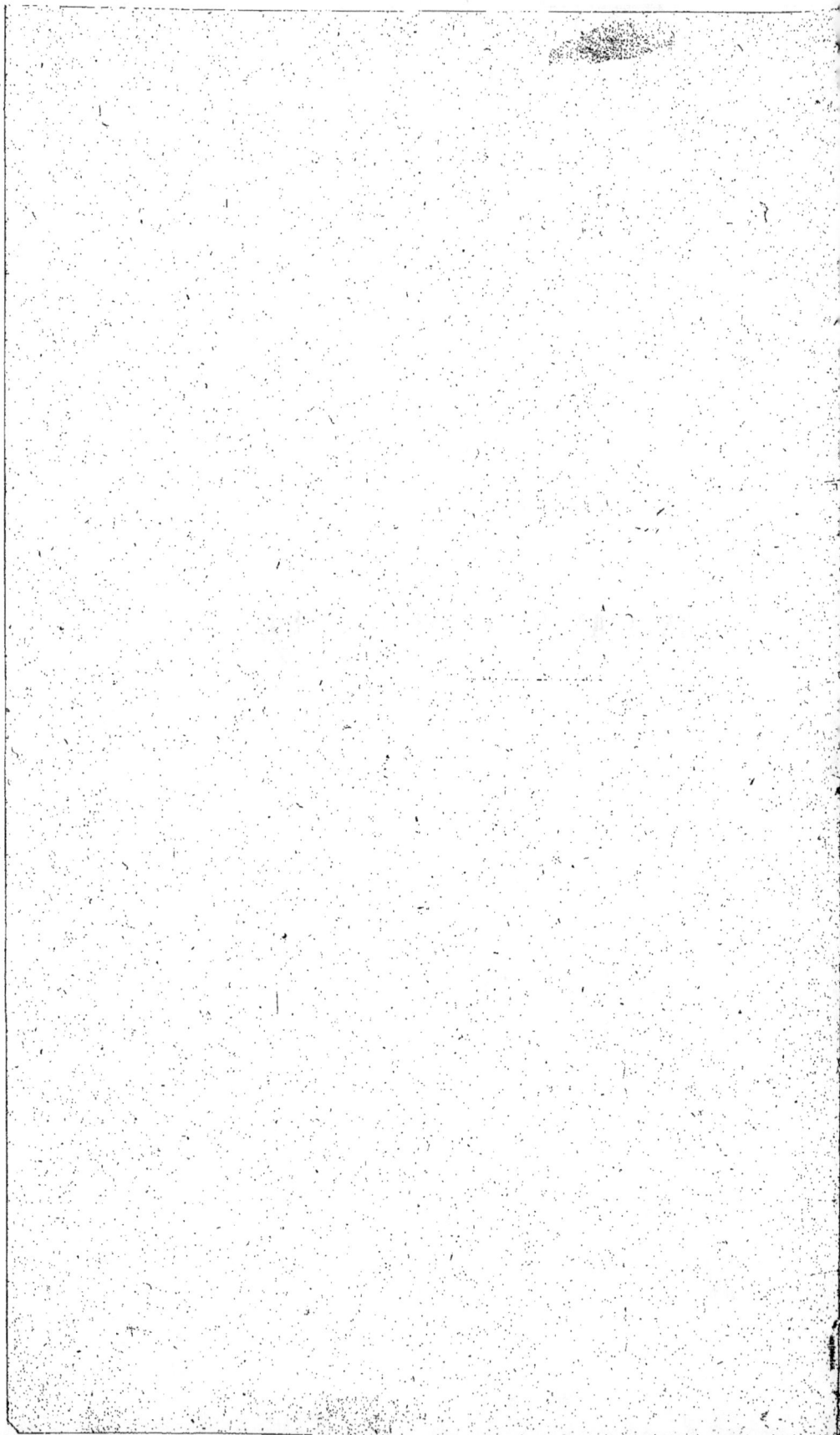

PARIS

EN

L'AN D'EXPOSITION 1867

Par JOAKIM-ISA

PARIS

IMPRIMÉ PAR CHARLES NOBLET
18, RUE SOUFFLOT, 18

—

1867

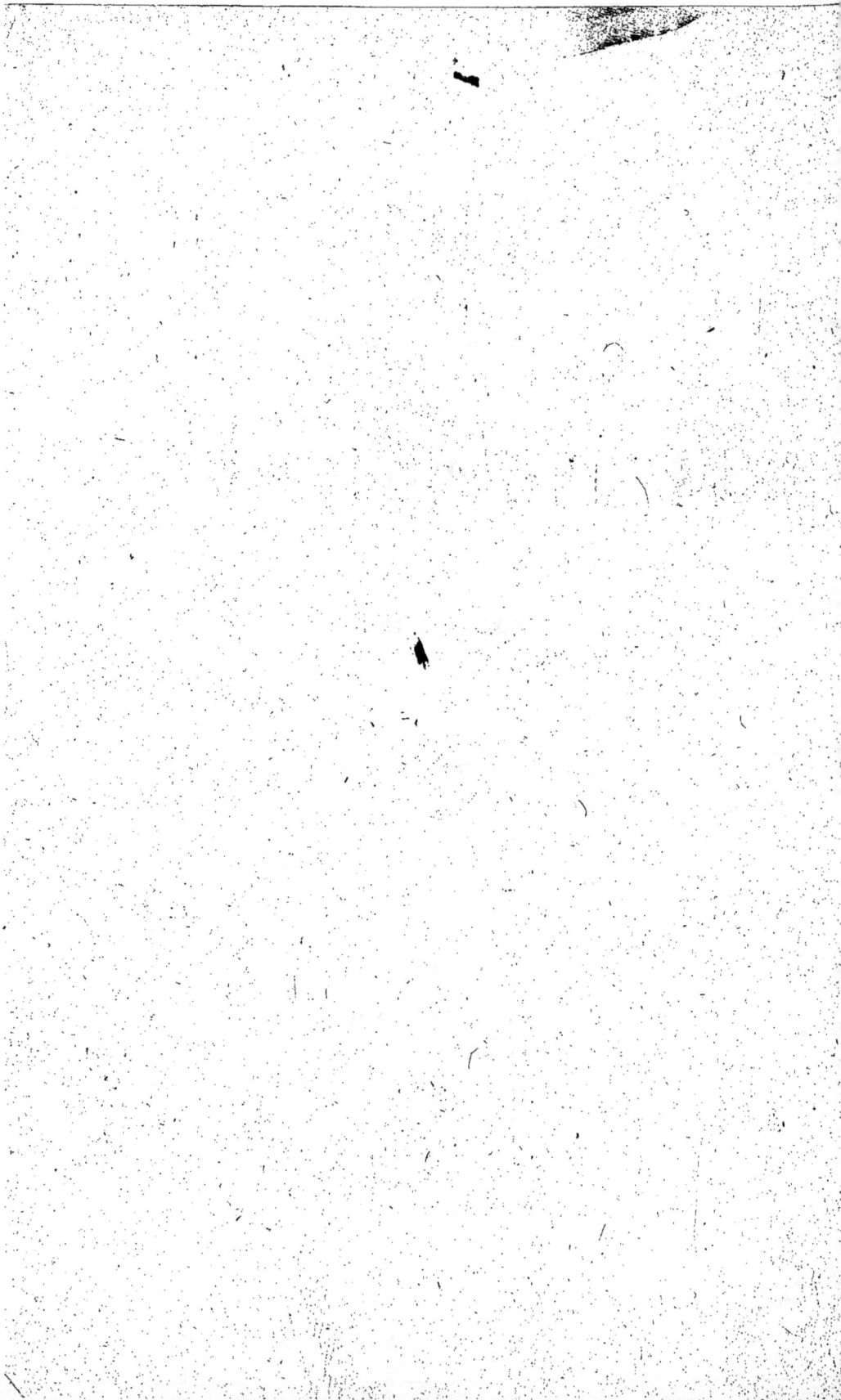

L'auteur, persuadé que l'Exposition *universelle* pourrait bien être du domaine *public*, a cru qu'il avait le droit incontestable de publier ce petit volume sans encourir, de la part de M. Dentu, le reproche de concurrence déloyale au Catalogue officiel. A tout hasard l'auteur croit bon d'ajouter qu'il lui serait absolument impossible de payer des dommages-intérêts.

Paris, 13 janvier 1867.

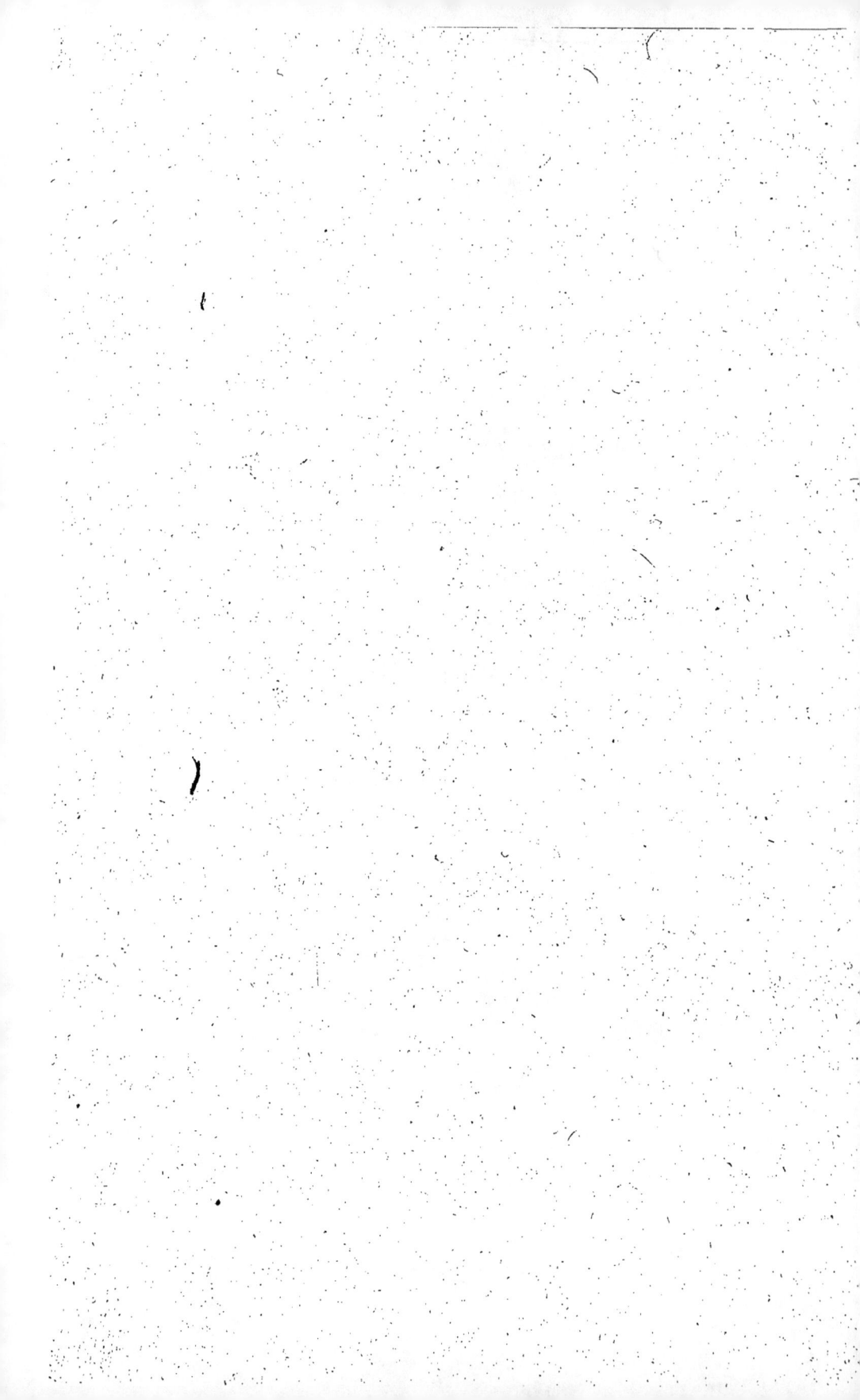

PARIS

EN L'AN D'EXPOSITION 1867

Ce sera un spectacle curieux, pour ne pas dire étrange, inouï, que le spectacle présenté par Paris en mil huit cent soixante-sept. Il y a, jusque dans l'attente même des promesses qu'un avenir prochain fait surgir et mousser dans le cœur des Parisiens de toutes classes et de tout sexe, il y a comme un plaisir secret, une palpitante ivresse à laisser son imagination devancer de quelques mois les brillantes merveilles de la palpable et sonnante réalité.

Epiciers, cafetiers, perruquiers, cochers, bijoutiers; tailleurs et restaurateurs; artistes en musique et en peinture; cantatrices célèbres ou en voie de l'être, directeurs de théâtres; pâtissiers et confi-

seurs ; pédicures, dentistes, spécialistes en tout genre,
journalistes, montreurs d'ours et de moutons à six
pattes ; voleurs à la pince, à la bousculade, à la
bouteille médicinale et à la dame de charité ; femmes
à la mode, et vous, joyeuses filles des rues et des
boulevards : approchez, et dites-nous ce qui fait à
cette heure votre suprême encouragement dans les
travaux âpres ou badins que le hasard, la misère,
le talent ou le vice vous a départis et auxquels vous
êtes invinciblement rivés ? Pourquoi cet épanouis-
sement, ce sourire mystérieux, ce je suis content
qui nous ferait mourir de rire si nous n'étions
pas si curieux ? Chut ! écoutons : ils parlent à voix
basse comme lorsqu'on livre un secret, un heureux
secret ! et du doigt ils nous montrent, qui sur leurs
paroissiens et qui sur leurs agendas, deux mots sou-
lignés, un substantif français, des chiffres arabes :
Année 1867 !

A ces mots magiques, l'épicier s'enthousiasme ; le
pâtissier, électrisé, étend les bras comme le bon lar-
ron en croix ; le journaliste taille sa plume et sourit
finement ; les musiciens fredonnent ; les ours dan-
sent sur la corde ; les moutons à six pattes s'ingé-

nient pour en avoir sept, et le pédicure ose embras-
ser sa femme! Que dire, bon Dieu! du décrotteur
qui se commande un coffre-fort; du cocher qui vous
fait la moue pour vingt sous de pourboire, et de nos
marquises de trottoir de plus en plus exigeantes?
D'où vient donc ce dédain pour nous autres indigènes de la rive droite et de la rive gauche? cette
étonnante confiance dans ce spectre voilé, ce fils re-
doutable du Temps qui trompe ou qui tue, et que
les hommes, dans leur langage trivial, nomment
l'An prochain? Quelque pythonisse inspirée, quelque saint prophète a-t-il donc déroulé les plis ob-
scurs de l'avenir? Ont-ils annoncé un horizon em-
pourpré de lueurs brillantes, un ciel sans nuage, de
riantes moissons, des fleuves limpides et caressants,
et comme jadis, dans les vieux jours, les a-t-on crus
sur parole?

Oui : et ce prophète saint, cette infaillible pythonisse, vous la connaissez tous. Que de fois ne vous
a-t-elle pas rendu d'oracles? C'est l'Espérance, dont
le regard souriant fait tant de promesses. Jamais,
en effet, de mémoire d'homme, oracles ne furent
plus pompeux, promesses plus délirantes.

Venez plutôt, Thomas incrédules, misanthropes
et pessimistes, venez. Arrêtez-vous quelques instants
sur ce pont, et écoutez : ces bruits d'innombrables
marteaux qui à toute heure du jour et de la nuit
tombent et retombent sur le bois, le fer, la pierre
et le marbre ; ces poulies criardes ; ces blocs énor-
mes dans la main de ces grues qui paraissent sou-
lever une plume; ces sifflements de la vapeur; ces
roulements perpétuels de wagons et de camions;
ces milliers de colonnes qui se dressent comme autant de géants fatigués du repos ; cette multitude
d'hommes perchés dans les corniches, accroupis,
debout ou courant sur les échafaudages ; ces vitri-
nes, ces jardins délicieux, ces jets d'eau, ces gigan-
tesques travaux ourdis dans l'air comme des fils innombrables d'innombrables toiles d'araignée : tout
cet entassement prodigieux d'hommes et de choses,
tout cela est-ce une illusion d'optique, de la fantas-
magorie? sont-ce des rêves de cerveau malade ?

Tournez maintenant vos regards sur tous les points
du globe. Les voyez-vous ces longues files de cara-
vanes, ces trains, ces paquebots encombrés de voya-
geurs qui vont s'élancer de tous ports, de toutes

gares, de tout caravansérail? Ils viennent du Midi;
ils viennent du Septentrion; l'Orient et l'Occident
se dépeuplent. Où donc trouver un exemple de dé-
placement d'hommes par masses aussi considérables
pour un but aussi élevé, pour un concours d'indus-
trie humaine? Contraste sublime avec ces hordes
d'autrefois qui passaient sur la face de la terre
comme un fléau destructeur précédé par l'incendie
et la mort, et que suivaient la peste et la famine.

Or donc, — comme disait le Parisien en narrant
l'histoire de son oncle feu Pancrace; — or donc,
c'est cette perspective d'émigration universelle qui
fait tressaillir l'artiste et le boutiquier de la capitale.
Comme l'aigle du haut des airs, ils te guettent, ô
Russe! O Anglais, ô Allemand, ô Yankee! comme
le vautour qui couve sa proie, ils sont là qui vous
épient. Ce qui va en effet rouler d'or et d'argent dans
les rues de Paris dépasse toute imagination : car
tous ces gens-là se couchent, se chaussent, s'habil-
lent, mangent à merveille et boiront mieux encore.
Ce sera donc un va-et-vient perpétuel, un flux et
reflux mugissant de denrées et de numéraire, d'a-
cheteurs et de vendeurs. Ce qui se remuera de bras

et de jambes, ce qu'on entendra de piétinements, de cris, de sons rauques, fait déjà, rien que d'y penser, tomber en syncope les gens nerveux ; ce qu'il faudra d'appartements et de chambres doit donner la chair de poule aux infortunés locataires qui paieront d'autant ceux qu'ils auront pu conserver. Mais malheur aux infirmes ! Malheur aux myopes, aux sourds, aux boiteux, aux culs-de-jatte, aux femmes enceintes et aux petits enfants ! Malheur surtout aux gens qui auront le nez en l'air, qui ouvriront des yeux comme des portes cochères ou qui, devant les monuments, bayeront aux corneilles ! Malheur à ceux qui porteront de longues chaînes de montre, des portefeuilles trop bien bourrés ! Malheur aux gens attardés ; trois fois malheur enfin aux provinciaux français et aux étrangers provinciaux !

En ce temps-là il y aura des Cartouches et des Mandrins, des Corbières, des Philippes et des Dumollards. Il y aura des Mexicains si habiles à lazzer un homme ; des Peaux-Rouges qui scalpent ; des Iroquois qui assomment ; des Ouras dont les joues sont traversées par des os de poisson ; des Cachenouks qui cassent en courant la tête à leurs ennemis, c'està-dire, en bon français, aux honnêtes gens. Il y aura l'Australien qui se nourrit d'un peu de chair humaine, le Bédouin avide de butin, le farouche Cosaque, le nègre si passionné pour les femmes blanches et le reste. Aussi ne sera-t-il pas rare de lire dans les journaux de ce temps, à la colonne émouvante des faits divers, un trait comme celui-ci : « M. et madame de M., honorablement connus dans le monde parisien, revenaient hier du théâtre impérial de l'Opéra-Comique. La nuit était avancée. Déjà les deux époux, encore sous le charme de la voix enchanteresse de mademoiselle Marie Roze, avaient atteint le Pont Neuf, à l'endroit où s'élève la statue du roi gascon. Tout à coup ils sont enveloppés, saisis, dépouillés par une famille de Karaïbes arrivés le soir même à Paris et qui, n'ayant pu trouver place au Grand-Hôtel où tout est hors de prix, s'étaient forcément installés sur ledit pont. M. et madame de M. furent en un instant dépecés et rôtis. Hâtons-nous d'ajouter, pour l'honneur de ces indigènes, que madame de M. n'a point subi les derniers outrages. »

Cette dernière phrase de journaliste pourra servir

sans doute à rassurer les Parisiennes : mais, franche-
ment, combien d'hommes, maris paisibles, devront
frémir en parcourant ces lignes!

Tel est en vérité le merveilleux, lamentable et
trop fidèle tableau des faits et gestes de l'An d'Exposition mil huit cent soixante-sept. Le beau y éblouit,
le laid y épouvante, et à chaque instant s'y confon-
dront les nuances de l'un et de l'autre.

Que faire cependant? Faudra-t-il donc rester chez
soi à moisir dans un fauteuil?

Non, messieurs;

Non, mesdames;

Non, mesdemoiselles. — En dépit des plus si-
nistres prédictions, nous irons voir, vous irez voir,
ils ou elles iront tous voir. Il s'y trouvera en effet
des choses si surprenantes! Outre d'incroyables ma-
chines et œuvres d'art, il y aura de beaux hommes,
de superbes femmes dans ce nombre infini de curieux qui parcourront les galeries en tous sens. Qui
sait? C'est peut-être vous, c'est peut-être moi qui
aurons l'heureuse fortune de rencontrer ce que
notre cœur à tous cherche avec tant d'avidité...,
notre idéal d'amour... lui ou elle! Que de jeunes

filles y verront de beaux jeunes hommes leur sourire ! Que de veuves éplorées y trouveront d'aimables
consolateurs !

Que si au contraire c'étaient quelques-unes de
nos lectrices qui eussent l'épouvantable sort de
tomber sous la dent des anthropophages accourus à
Paris en mil huit cent soixante-sept, n'auront-elles
pas, — elles qui furent élevées dans une société
catholique par préférence à tant d'autres femmes
barbares romainement condamnées dès leur nais-
sance au feu éternel de l'enfer, — n'auront-elles pas
le consolant privilége de gagner tout de suite ces ré-
gions éthérées où règnent, dit-on, des plaisirs qui
n'ont pas de nom dans la langue humaine, une joie
parfaite, d'infinies béatitudes? Et tout ce bonheur
sera goûté là où il n'y aura plus « ni père ni mère,
ni femmes ni hommes, » partant ni beaux-pères ni
belles-mères, ni sauvages ni maris ! O civilisation !
ô progrès ! ô Exposition !

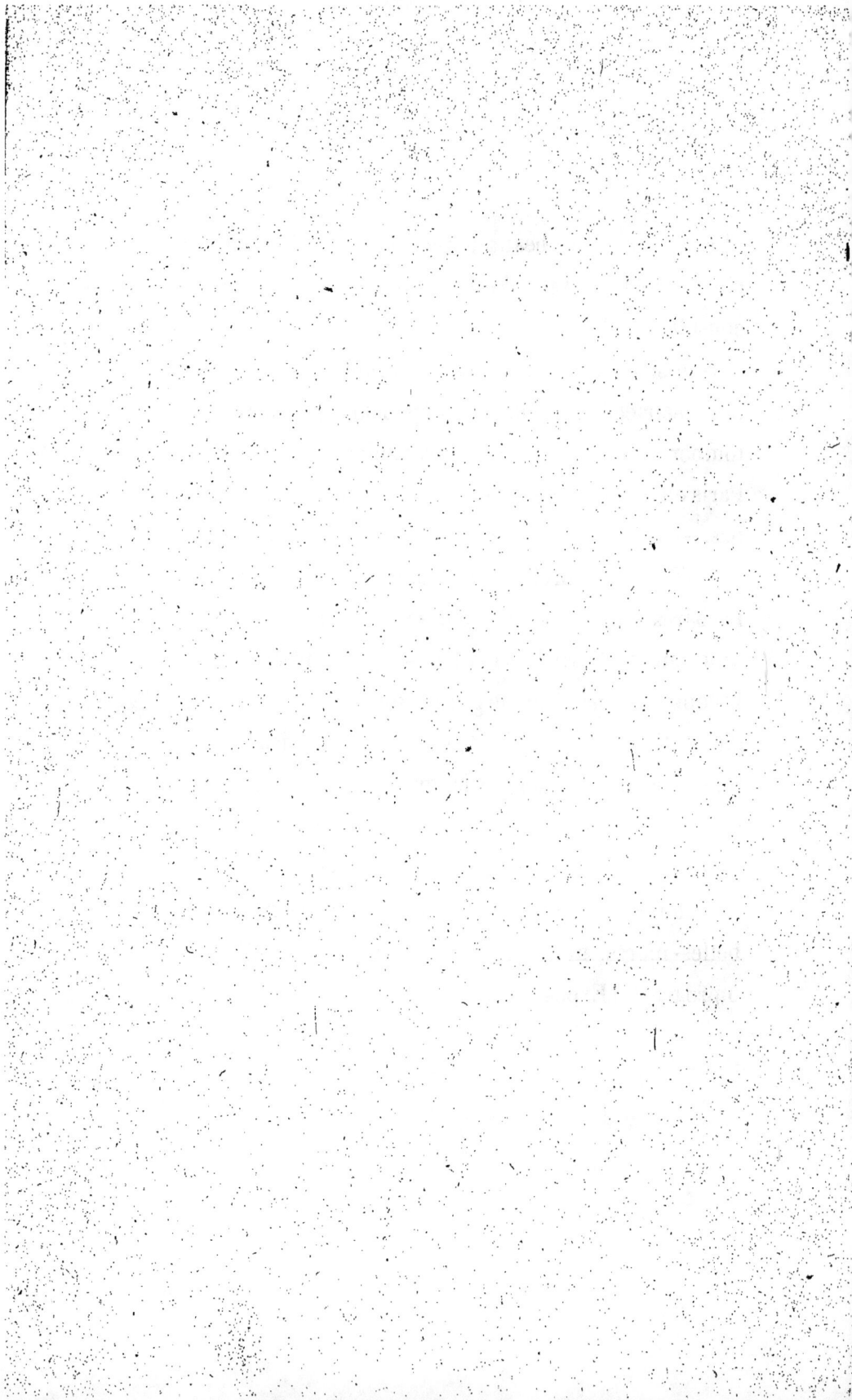

www.ingramcontent.com/pod-product-compliance
Lightning Source LLC
Chambersburg PA
CBHW050412210326
41520CB00020B/6562